国家公园
制度解析

Analysis
Of National Park
System

刘红婴 / 著

知识产权出版社
全国百佳图书出版单位

图书在版编目（CIP）数据

国家公园制度解析 / 刘红婴著.—北京：知识产权出版社，2017.12

ISBN 978-7-5130-5348-8

Ⅰ．①国… Ⅱ．①刘… Ⅲ．①国家公园—管理—研究 Ⅳ．①TU986.5

中国版本图书馆CIP数据核字（2017）第318593号

内容提要

本书以图片配文字的方式结构全篇，解析国家公园制度的产生、目的、意义和保护方法，提示公众的责任和义务，寓学术于通俗之中，将法律规则融入质感的鉴赏趣味里。内容由什么是国家公园制度、国家公园制度追求什么价值理念、国家公园制度靠什么保障、国家公园制度的经验典型和国家公园制度如何实施这五个主题构成大的框架。精选的图片均为作者在具有典型性、代表性的各国国家公园所拍摄，文字部分力求精炼、准确、生动，与图片相辅相成。

责任编辑：龙　文　　　　**责任出版：刘译文**

国家公园制度解析

Guojiagongyuan Zhidu Jiexi

刘红婴　著

出版发行：知识产权出版社有限责任公司	网　　址：http://www.ipph.cn		
社　　址：北京市海淀区气象路50号院	邮　　编：100081		
责编电话：010-82000860 转 8123	责编邮箱：longwen@cnipr.com		
发行电话：010-82000860 转 8101/8102	发行传真：010-82000893/82005070/82000270		
印　　刷：北京科信印刷有限公司	经　　销：各大网上书店、新华书店及相关专业书店		
开　　本：889mm×1194mm 1/32	印　　张：5.875		
版　　次：2017年12月第1版	印　　次：2017年12月第1次印刷		
字　　数：200千字	定　　价：68.00元		

ISBN 978-7-5130-5348-8

目　录
Contents

第一章 / 什么是国家公园制度

第二章 / 国家公园制度追求什么价值理念

第三章 / 国家公园制度靠什么保障

第四章 / 国家公园制度的经验典型

第五章 / 国家公园制度如何实施

第一章

什么是国家公园制度

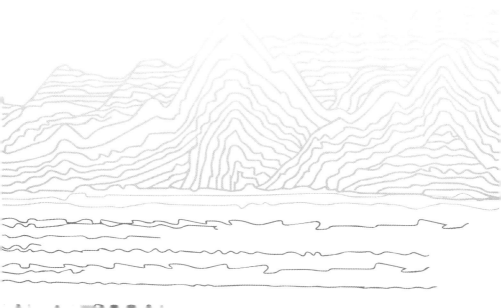

第一节　被普遍采用的国家公园制度

国家公园，并非我们通常看到的那种用于赏花观兽、荡舟休憩的城市公园或郊野公园。国家公园是由一种制度体系来支撑的，它是指国家为了永续地保护自然环境，按法定的程序和科学的标准，将完整的生态系统和地质遗迹划定范围，全面加以保护的大面积的自然区域。

因为是以法定的程序和科学的标准划定范围，并且保护这些被划定的自然区域要全面到位，所以国家公园制度就非常重要。所有对国家公园的保护，人们对国家公园的探究、享用，均在制度的框架内实现，依照制度规则实施管理、研究、游览等活动。

（图 1，图 2：伊瓜苏、大峡谷）

尽管国体、政体、所属法系以及法律制度不同，但大多数国家和地区均建立了国家公园制度，成体系、有规模地对领土内具有科学价值和审美价值的大自然加以保护。无论国土面积大小，只要有未被破坏的或可恢复的生态系统，有能够充分描述地球演变的地质地貌，都可以用国家公园制度来全面保护。

例如尼泊尔，国土面积不大，却拥有两个大型的国家公园——萨加玛塔国家公园（Sagarmatha National Park）和皇家奇特旺国家公园（Chitwan National Park）。萨加玛塔国家公园为珠穆朗玛峰南麓连绵的群山和广袤地域，不仅有雪峰冰谷，还有鲜花遍地；它蕴藏着丰富的物种，在它的三个植被带——乔木带、灌木带、苔藓带有数百种动植物，雪豹、麝鹿更属稀有。皇家奇特旺国家公园则位于尼泊尔南部拉伊平原的天然动物保护区，是印度和尼泊尔之间喜马拉雅丘陵地带中为数不多的未遭破坏的自然区域之一，也是世界上已经罕见的亚洲独角犀牛的栖息之地和孟加拉虎的最后藏身地之一。

（图3，图4：萨加玛塔国家公园、皇家奇特旺国家公园）

在一些国家，文化遗产的保护也被纳入国家公园制度当中。亦即，国家公园成为一个广义的概念，使一个国家的重要环境资源和重要文化遗产以一种全面的一以贯之的制度得到长久的保护。

例如美国，就是这种选择广义国家公园制度的国家。世人耳熟能详的自由女神像国家纪念地（Statue of Liberty National Monument）、纽约克林顿城堡国家纪念地（Castle Clinton National Monument），均作为美国的文化遗产保护地被纳入国家公园制度，由美国国家公园局管辖。

（图 5～图 8：自由女神像、克林顿城堡）

第二节　国家公园制度的由来

国家公园制度创始于美国。如果要列举美国对世界做出的贡献，那么应首推国家公园制度。

1872 年 3 月 1 日，美国国会通过了一项具有历史意义的法律《辟黄石河源头区域建立公园法》（An act to set apart a certain tract of land lying near the headwaters of the Yellowstone River as a public park, Approved March 1 1872），简称"黄石法"（*Yellowstone Act*）。该法宣布，为了人民的利益，将确定的区域划定为公众公园和休闲地，建立了黄石国家公园。法律要求，黄石国家公园属于全体人民，"自此在美国法律下予以保存，并不得开垦、占据或买卖"。

由此，正式开启了国家公园制度的历史进程。

从 1872 年世界上第一个国家公园——黄石国家公园诞生，国家公园制度发展到今天已经非常成熟，并为世界各地所普遍采用。国家公园制度的长处在于最具完整性地保护、保持生态原貌，使其免遭损伤和破坏。联合国教科文组织《世界遗产名录》（*World Heritage List*）的 203 项自然遗产中，约有 8 成是由拥有国的国家公园申报而来，大多分布于美洲、非洲、大洋洲和亚洲南部各国。

（图 9～图 11：黄石国家公园）

第三节　国家公园制度中的组织机构

作为一国的重要制度，必然需要统管的组织机构。或言，组织机构是国家公园制度的关键组成部分。

在红杉树国家公园（Sequoia National Park）、优胜美地国家公园（Yosemite National Park）、风洞国家公园（Wind Cave National Park）、落基山国家公园（Rocky Mountain National Park）等 11 个国家公园继黄石国家公园又陆续建立后，美国于 1916 年设立了国家公园局（National Park Service），旨在通过国家公园的方式，保存自然景观、野生生态及其蕴涵其中的历史；同时将这些提供给当时的人们及其未来的世世代代享用。依照《建立国家公园局法》（An act to establish a national park service, and for other purposes, Approved August 25, 1916），国家公园局全面、垂直管理所有国家公园的专门事务。其后愈来愈走向正轨，不断充实。至今，国家公园局一以贯之地发挥着统管国家公园的任务，履行职责，保护自然，服务民众。

（图 12 ～图 14：优胜美地、落基山国家公园）

各个国家虽然国情不同，但在所建立的国家公园制度当中，组织机构均为核心要素。基本特点是在国家一级或者联邦一级设置国家公园局，垂直管理全国所有的国家公园。有的国家的国家公园局为独立行政机构，有的国家将其设置于环境部、国土部或农业部等大部之下。

每个国家的国家公园均有各自的标识，统一使用。此外，在一些国家，每个国家公园还有属于自己的标识。

（图 15～图 25：国家公园局、标识）

第四节　国家公园区域的划定

将完整的生态系统和地质遗迹划定范围，要提炼和归纳具有普遍性的标准。自然资源作为现代法律要保护的一个大范畴，地球上所拥有的地质地貌、山川、河流、湖泊、森林、草原等，均可成为其纳入的对象。在国家范围内保护自然资源，最佳形式就是划定大面积、原生态、原地貌的完整区域进行全面保护，这也是成熟的国家公园制度的标志之一。

怎样确定可划定区域，这方面可参照的法定规则较为稳定。比如《世界遗产公约》及其执行法，就有一定的权威性。该公约确定要保护的自然遗产为：

自然面貌

从审美或科学角度看具有突出的普遍价值的由物质和生物结构或这类结构群组成的自然面貌。

地质地理结构和动植物生境区

从科学或保护角度看具有突出的普遍价值的地质和自然地理结构以及明确划为受威胁的动物和植物生境区。

天然名胜和自然区域

从科学、保护或自然美角度看具有突出的普遍价值的天然名胜或明确划分的自然区域。

《执行〈世界遗产公约〉的操作准则》（*Operational Guide Lines for the Implementation of the World Heritage Convention*）中 II. D 段对自然遗产规定了 4 个标准：

（1）绝妙的自然现象，或具有罕见的自然美和审美价值的地带；

（2）构成代表地球演化史中重要阶段的突出例证，包括生命记录、行进中的重要地貌发展的地质过程、重要的地质地貌特征；

（3）构成代表具有重要意义的进行中的生态和生物演化过程，陆地、活水、海洋海岸生态系统及动植物群落发展的突出例证；

（4）最重要和有意义的珍稀濒危动植物物种的自然栖息地，是生物多样性的真实体现，它包括从科学和保护的角度来看具有突出普遍价值的濒危动植物的自然栖息地。

世界遗产的标准是基于各国法律及各环保组织的专业标准综合而来的，具有集大成的特点。综合地看，对自然遗产的确认注重审美价值和科学价值这两个大的方面，审美价值比较直观，科学价值则需综合的验证，这两方面并重，缺一不可。

（图 26～图 30：天然美与科学性）

划定的国家公园区域要具备自然价值方面的特色，要体现国家公园的目标和精神，还须符合一个通用标准，即其拥有的规模、在量的上面应当是充分的，否则便不具有说服力。具体表现出来，即国家公园都具有大的覆盖面积，被称为"大区域"（Large Size）。

足够的"大区域"，才能保证生态系统的完整性及生物多样性。所以，除了符合具体的标准之外，每个国家公园还必须符合一个整体性条件。此条件仍可参照《执行〈世界遗产公约〉的操作准则》规定的"整体环境"（conditions of integrity）条件来审视：

必须包含自然生态关系必备要素的全部内容或者绝大部分内容；

必须有相当充分的地域面积，能够自我维持生态平衡；

必须具有维护物种延续的生态系统；

濒危物种遗址应具有维持濒危物种生存所需的生境条件，特别要保护迁徙性的物种种群；

遗产所在地必须有令人满意的长期立法调节，以做到制度化的保护。

"整体环境"的相应条件，诸如"维持濒危物种生存所需的生境条件""自然生态关系必备要素""相当充分的地域面积""维护物种延续的生态系统"，是无法分割、相互制约的关联因素，它们彼此支撑，都很重要。

"整体环境"就是在一个制度保障的框架里，有足够健康的可持续发展的环境和生态。当然，在不同的地方，这个"整体环境"要求的构成因素和具体表现都会有自己的一套系统。

国家公园区域的划定要有利于全方位保存、保持天然的地质地貌结构形态，保证区域生态系统的稳定发展。它的优势百余年来影响了许多国家，其合理性为全世界所认同，并具有普遍的共识及相互推动。在各种自然保护的形态中，国家公园以最具完整性地保持整体生态原貌为优势，从而通过这些优势诠释对待自然的正确态度。

再来看看黄石国家公园，在这方面仍然是典型范例。黄石国家公园总面积大约有 8 983 平方公里，在它广袤的天然森林中有世界上最大的间歇泉集中地带，占全球此类地貌的 2/3。这些地热奇观是世界上最大的活火山存在的证据之一。它上一次喷发形成的火山口范围差不多相当于整个公园面积的一半。大黄石生态系统是地球上保留的最大且完好的温带生态系统之一，而黄石国家公园正是这个生态系统的核心。

（图 31～图 35：黄石）

第五节　国家公园立法

由前述内容可以了解到，建立国家公园要靠法律来推动和规范，没有法律，国家公园无从谈起。因而，立法是先导。

分类来看，各国的法律因所属法系不同，发展历史长短不同，法律呈现的状态就各有特点。从不同法系的角度入手，能够在整体上分析出国家公园立法的概貌。

（一）英美法系

英美法系即判例法系，以美国、加拿大、英国为代表。至于国家公园立法，美国当然最具典型性。

美国属判例法系，每一项法律所针对的事务比较具体。在美国国会的立法历程中，有关国家公园的法律、法案数以千计。在如此浩繁的"法海"中，还需要识别和归纳其规律。

虽然每建立一个国家公园都需要一部法律来确定，但美国建立国家公园和保护一个国家公园并非总是"一园一法"，法律的构成状态实际上呈现得非常多样。

1. 一园多法

"一园多法"的情形，如有关黄石国家公园的法律，曾经适用和迄今仍然有效的就有多部，它们可统称"黄石国家公园法"。具体如下：

1872 年《辟黄石河源头区域建立公园法》（An act to set apart a certain tract of land lying near the headwaters of the Yellowstone River as a public park, Approved March 1, 1872）（简称 *Yellowstone Act*）

1894 年《保护黄石国家公园鸟类和动物暨惩罚犯罪法》（An act to protect the birds and animals in Yellowstone National Park, and to punish crimes in said park, and for other purposes，Approved May 7, 1894）

1894 年《黄石国家公园租约法》（An Act Concerning leases in the Yellowstone National Park，Approved August 3，1894）（已废止）

1996 年《要求国家公园局消除布鲁氏菌病对黄石国家公园野牛群困扰的法案》（A bill to require the National Park Service to eradicate brucellosis afflicting the bison in Yellowstone National Park, and for other purposes. 1996）

（图 36～图 39：黄石）

2. 一法多园

"一法多园"的情形，也很常见。如 1980 年的《建立比斯坎国家公园、改善杰斐逊堡垒国家纪念碑行政管理、扩展福吉谷国家历史公园，以及其他目的法》（An act to establish the Biscayne National Park, to improve the administration of the Fort Jefferson National Monument, to enlarge the Valley Forge National Historical Park, and for other purposes. 1980），将一个地区或内容相关或地域相关的多个保护地，由一部法律来加以规范。

3. 一般规则

有关国家公园的一般规则，即不针对某个国家公园的法律，亦为数量不寡的立法形态。如 2004 年

《国家公园系统法律的技术修正案》（*National Park System Laws Technical Amendments Act of 2004*），即属此类。在国家公园制度发展到一定阶段，必然会对一般规则产生需求。一般规则既能够阶段性、概括性地解决问题，也能够横向地贯通所有的法律。

（二）大陆法系

大陆法系立法的主要特征是法典化，一部数千条的法典可以规范一项大的事务。同时，法典与法典之间还有极其畅通的联系，涉及有关联的内容均会互为体现。

法国属大陆法系的代表，一部《环境法典》（*Code de l'environnement*）囊括了自然保护地的所有规范。就可供借鉴的经验而言，法国具有丰富的法律资源和成熟的立法技术。

日本也属于法典国家，1957 年《自然公园法》（自然公園法）可以说是 1950 年《文化财保护法》的自然遗产版。《自然公园法》以庞大的规模将国际理念的、日本模式的国家公园有条不紊地规范起来。

（三）其他的混合型法系

前两类法律体系之外，也存在富有混合特点的国家公园法。

如我国台湾地区 1972 年的有关"国家公园"的规定，即为此类。该规定所规范的"国家公园"包含三个要点：其一，具有特殊自然景观、地形、地物、化石及未经人工培育自然演进生长之野生或孑遗动植物，足以代表"国家"自然遗产者。其二，具有重要之史前遗迹、史后古迹及其环境，富有教育意义，足以培育国民情操，需由"国家"长期保存者。其三，具有天赋育乐资源，风景特异，交通便利，足以陶冶国民情性，供游憩观赏者。

（图 40～图 42：我国台湾地区"国家公园"）

小结

从以上内容梳理下来，可以了解到：国家公园制度就是一种为了世代的利益和环境福祉，依法对具有科学价值和审美价值的自然区域予以划定，并由法定的组织机构管辖，进行生态地貌保护、科研教育、休憩观赏活动的整体机制。其中包含的要素有：针对性明确的法律、划定的区域范畴、有管辖权的组织机构、人类活动与自然环境可持续的平衡规则。这些要素融于一体，从而形成国家公园制度。

图1: 阿根廷伊瓜苏国家公园 (Iguazu National Park) 有着完整的生态系统和优质的生境, 绝美的景色更让她魅力无穷。

图2: 美国大峡谷国家公园 (Grand Canyon National Park) 用岩系记载了20亿年前至2亿年前地质活动的过程, 被称为"天然的地质教科书"。

图 3：尼泊尔萨加玛塔国家公园
（Sagarmatha National Park）既
有雄伟的雪山巅峰，也有温润的草
地鲜花。

图 4：尼泊尔皇家奇特旺国家公园
（Chitwan National Park）是动物
们自由自在的天堂。

图 5：自由女神像国家纪念地（Statue of Liberty National Monument）
虽然属于文化遗产，但也属于美国国家公园局的管辖范围。

图 6: 自由女神像国家纪念地有标志性意义。

图 7: 美国移民文化的见证地——克林顿城堡国家纪念
地 (Castle Clinton National Monument)。

图 8: 位于纽约的克[林]顿城堡国家纪念地[。]

图 9: 以黄色山石为主[色]的"艺术家点"(A[rtist Point),是黄石国家公[园](Yellowstone Natio[nal Park) 名称的来源。]

图 10: 黄石国家公[园]标志之一"老忠实"(O[ld Faithful) 间歇泉不[定]时地喷发。

图 11: 国家公园发祥地的园车上写"永远的黄石", 亦为对国家公园制度的赞赏。

图 12: 优胜美地国家公园 (Yosemite National Park) 石缝中坚韧的植物与花岗岩相映成趣。

图 13: 150 多年后, 优胜美地国家公园依然以她自然原始的面貌, 迎接来宾。

图 14: 美国落基山国家公园 (Rocky Mountain National Park) 在美国境内的落基山脉的精华部分予以充分的展示。

图 15: 国家公园局的服务体现在每一座公园中，是设在自由女神像国家纪念地的国家公园局。

图16：美国国家公园的标识，出现在国家公园局建筑物、国家公园露天标牌、国家公园工作人员制服及工作用具上。

图17：美国国家公园的标识还可以配合文字或其他必要标识一同使用。

图18：阿根廷国家公园的标识。

图 19：设在伊瓜苏港的
根廷国家公园局，主辖
瓜苏国家公园。

图 20：伊瓜苏国家公园自
己的标识。

图 21：设在埃尔卡拉法
小城的阿根廷国家公园
主辖冰川国家公园。

图 22: 位于埃尔卡拉法特小城的阿根廷国家公园局的主建筑。

图 23: 阿根廷冰川国家公园(Los Glaciares National Park)自己的标识。

图 24: 中国台湾地区垦丁"国家公园"管理处。

图 25: 国家公园局还负责一
大型节庆活动的组织和管理。
国独立日的华盛顿, 国家公园
仍然是主角:"欢迎来参加国
公园局的独立日庆典", 并列
参加活动不能携带的物品。

图 26: 美国拱门国家公园
(Arches National Park)
独特的地质地貌, 兼具审
美和科学研究价值。

图 27: 拱门如眼, 鬼斧神工。

图 28：黄石国家公园处处显现其天然美与科学性的统一。

图 29：黄石美景——彩色山石。

图 30: 黄石美景——
闪烁的星辰。

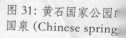

图 31: 黄石国家公园
国泉 (Chinese spring

图 32: 黄石国家公园
在喷发的地热泉。

图 33: 黄石美景 ——
永远守候的"老忠实"。

图 34: 黄石国家公园美
丽的泥浆泉，如画家的调
色板。

图 35: "艺术家点"给了人类诸多的灵
感，包括建立国家公园制度。

图 36: 森林与地热泉同
的黄石国家公园。

图 37: 黄石河水蜿蜒流淌

图 38: 地表仿佛写满了黄石的故事。

图 39：野牛群在黄石国家公园的自由生活。

图 40：中国台湾地区垦丁"国家公园"的海岸景色。

图 41：中国台湾地区垦丁"国家公园"的海岸地貌。

图 42：中国台湾地区太鲁阁"国家公园"的险峻地貌。

第二章

国家公园制度
追求什么价值理念

国家公园制度是人类主动选择和创立的一种保护自然的机制，必然有其明确的目的和价值追求。

归纳而言，国家公园制度价值包括荒野的权利、全民的利益、代际责任、真实性与完整性、生物多样性这几个方面的要素。

第一节　荒野的权利

用人类的法律赋予大自然以权利，于是，大自然在法律上具有了人格，即"法律人格"。具有"法律人格"的主体，除自然人、法人外，还有大自然、动物。具有"法律人格"的主体就意味着拥有法定的权利。

根据《美国国家公园》的资料，19世纪中后期当西方国家的多数人还沉浸在驯服自然的热情中时，一些有识之士开始意识到保存和保护自然面貌的迫切性及深远意义。画家乔治·盖特林（George Catlin）就提议，应当设立"国家的公园"，"一个国家的公园，包含了所有野生的植物和动物，以及自然美景的原始面貌"。山社（Sierra Club）的创始人之一约翰·穆尔（John Muir）将荒野视为生态与精神上双重需求，反对无节制地砍伐和放牧，为"荒野的权利"而奔波、呼吁。1870 年，一支 19 人的土地测量队发现了黄石地区的资源和价值。次年，美国国会拨款派遣地质科考队进行勘察，大有收获。这是促使两年后《黄石国家公园法》诞生的一种先期推力，其"荒野的权利"的理念也成为百余年贯穿始终的法律价值观。

"荒野的权利"寓意大自然的权利，主张对自然的尊重，使地质地貌、生态系统完整、真实、永续地保存下去。

（图 43～图47：黄石）

第二节　全民的利益

以国家法律的形式宣布成立国家公园，全民的利益这个要素是与生俱来的。国家公园伊始，法律明确的就是全民的利益。这种法定利益的主体是全新的一个集体性概念——全民，具体体现为欣赏、休憩等活动。

1872 年的《黄石国家公园法》首创性地明示，"为了全民的利益，划定为公众公园和休闲地"，建立黄石国家公园，黄石国家公园"自此在美国法律下予以保存，并不得开垦、占据或买卖"。其后的百余年国家公园法的发展，一直贯穿着这条全民利益的"红线"。

由此，相应的法律就超越私法，具有了公法特质，也不断发挥着公法的功能。国家公园法也在公法的范畴中不断地茁壮成长。

同时，一个更加显性的话题就是民众的环境福祉，国家公园给了这个主题实现最大的可能性。在当代，国家公园制度更加强调关于民众环境福祉方面的价值。国家公园的目的与意义强调全民共享，为未来子孙后代考虑，因而，在生态文明的大主题之后，环境福祉的理念也应当高调呈现。

（图 48～图 52：民众权利）

第三节　代际责任

代际责任是当代法律最重要的要素之一，亦是一个核心理念。不仅仅是环境法，也不仅仅是美国法，在关涉可持续发展的所有法律中代际责任均为重要理念。

对于自然环境，代际责任必然突显。一代又一代（From generation to generation）的诚实爱护，是最为基础的条件。每一代人的责任就是，真实、完整地将自然遗产传给下一代。代代相传，才会有可持续的未来。因此，所有有关国家公园的定义中，代际责任为必需的构成要素。

这种代际责任的理念，也成为国际法采纳并广泛适用的原则。例如，联合国教科文组织在阐述《世界遗产公约》的意义时就强调，对于拥有生态学方面丰富资源的遗产地来说，它们面临着来自贫穷和社会不平等的巨大压力；它们往往是当地人的家园，也是关于人与自然的关系以及如何可持续利用自然资源的无价的传统知识的宝库。《世界遗产公约》帮助这些遗产地吸引了国际上的关注，帮助对管理和保护工作的改善。但是，还有很长的路要走：公约应该给当地人提供更多的选择，使遗产地能够证明自己在实现《生物多样性公约》的目标方面具有潜力。如果公约最终失败了，我们将给子孙后代留下一个贫瘠的地球，预先剥夺了他们享有环境的权利。

在这样的认识基础上可以明确看到，代际责任是环境保护、文化保护等事业的重要主题，在国家公园的建立和保护中也必然要渗透和贯彻。

因美国是国家公园制度的发祥地，所以在美国国家公园法的庞大体系中进行深度分析，了解其案例、数据、历史发展基本脉络、现有活力等多方面内容，归纳其内在精神、法律理念，其要旨更具有典型性。

正如百年前的《建立国家公园局法》（An act to establish a national park service, and for other purposes,

Approved August 25, 1916）所说：

国家公园法的目的是：保护天然美景、自然和历史对象，其中包括野生动物；为人们提供欣赏大自然的机会；并以一以贯之的理念和方式，保障将未受损害的大自然留给未来世代享用。（which purpose is to conserve the scenery and the natural and historic objects and the wild life therein and to provide for the enjoyment of the same in such manner and by such means as will leave them unimpaired for the enjoyment of future generations.）

（图 53 ～ 图 60：美丽的大自然）

第四节　真实性与完整性

真实性（authenticity）和完整性（integrity）属于通用的原则性标准，二者需同体应用。设立真实性和完整性的要求，不仅适用于国家公园的初始建立，更适用于长期保护，有利于国家公园从建立到保护的长久发展。

（一）真实性

真实性之于保护对象，就意味着不可替代性。不可替代，是所有保护地的重要特点之一。而不可替代性，也就意味着唯一性。"唯一"的含义告诉世人，每一项无论是文化保护地还是自然保护地，如果一旦消失，它就永远也不会回来了。它不能靠克隆、复建、复制或其他的任何手段而再生。即便以各种形式"再生"，诸如数字影像化、3D打印，亦与真实性的原则相悖。

不仅如此，真实性原则还具有深层、复杂的细致辨析要求。以世界遗产的分类为例，世界遗产有文化遗产和自然遗产这两大基本类型，早期的自然遗产包括"人造的自然"，如农田、人工花园等。但在操作实践过程中，人们逐渐认识到真正的自然是不可再造的，因而改变理念和操作规则，"人造的自然"一般则归入文化景观，适用文化遗产的标准。

（图61～图62：哈尼梯田）

（二）完整性

完整性一方面是生态的完整性，指一个国家公园内部生态系统的平衡和可持续性。另一方面是自然证据的完整性，能够充分地阐释地质地貌。当然，完整性不是一个绝对概念，因为所有的被保护区域都不是一个完全独立的封闭形态，而是与周围环境、毗邻生态系统相联系的。

国际法《执行〈世界遗产公约〉的操作准则》Ⅱ.E.87-95 段曾针对世界遗产的完整性做了相应的规定，认为完整性主要包括：纪录的完整性和生态的完整性。完整性是针对世界遗产个体而言，即每一项世界遗产都应具备的完整性。事实上，这项规定基本上概括了无论是保护世界遗产或国家遗产，无论是保护自然遗产还是文化遗产均可适用的现当代法律理念。

因此，纪录方面的完整性较为综合，指文化遗产和自然遗产能够将自身的发生、发展历史有效地呈现出来。同时，完整性原则不是单纯的，它与真实性的要求同时存在，不可分割。

（三）真实性与完整性原则在国家公园中的适用

关于国家公园中真实性、完整性的标准确定，应当参照国际通行理念和方法。真实性和完整性是与具体遴选标准相配合的原则性标准，需要整体被考虑。

对于国家公园而言，真实性原则有自己的逻辑体现。总体讲来，作为自然遗产的国家公园就是地球本身的产物，具有纯粹的原真特征。完整性方面，要考虑在生态和自然证据完整基础上的行政区域因素。

为保持真实性、完整性不受侵害，国家公园都应当设有"缓冲带"（buffer zone）。设缓冲带的目的使得国家公园与人类社会活动可能产生的冲突有所缓解，也能有效预防自然资源的无谓损失。缓冲带的缺失会潜伏或直接出现一系列对自然的危害，从而导致其失去完整性。

由此，真实性和完整性在国家公园制度中也应当被设置为原则性的价值追求，并作为整体衡量尺度的组成部分。

（图 63～图 68：阿根廷冰川）

第五节　生物多样性

（一）生物多样性的含义

生物多样性（Biological Diversity）是法律对所有相关自然保护地项目考察的核心条件，其包含的内容可以说是系统工程，也与国家公园事务所有的价值目标都有所关联。

由于包罗万象，生物多样性并没有也没必要有统一的指标，可能的指标包括：生态系统的结构特征，如植被的垂直结构、植物覆盖度、地表生物量等；不同结构中的优势物种的组成及优势物种的均匀度。具体做法上是比较丰富的，比如对多年生和一年生植物物种的丰富度进行比较，可以发现生态系统演替及退化过程中不同阶段的结构差异。又如估计不同生态层或生境中各种生态功能团（分解者、草食者、食嫩叶者、种子传播者、食肉动物等）的丰富度和生物量，从而了解生态进程。

1992 年 6 月 5 日，联合国环境与发展大会通过的《生物多样性公约》（*Convention on Biological Diversity*），对"生物多样性"进行了科学定义：生物多样性是指所有来源的活的生物体中的变异性，这些来源除其他外包括陆地、海洋和其他水生生态系统及其所构成的生态综合体；这包括物种内、物种之间和生态系统的多样性。

生物多样性肯定不是单纯的问题，而是系统的理念，携带有相关的系列概念群，它们之间层层相依，且环环相扣。如生态系统、生物群落、生境等，都是不可分割、互为诠释的。这当中所涉及的方方面面的问题，共同支撑生物多样性的存在。生物群落（Biotic Community）是在同一地区范围内，两个以上的种群由于生活繁殖上的连锁而构成的相互依赖、相互制约的生物集团共同体。《生物多样性公约》确定，"生态系统"（Ecosystem）是指植物、动物和微生物群落和它们的无生命环境作为一个生态单位交互作用形成

的一个动态复合体。"生境"（Habitat）是指生物体
或生物种群自然分布的地方或地点，所有的生物体和
生物种群都是以生境为载体的。

（图 69～图 74：生态）

（二）生物多样性的综合价值

与所有的自然资源保护事务的基本思路相同，《生
物多样性公约》首先强调生物多样性的内在价值，生
物多样性及其组成部分的生态、遗传、社会、经济、
科学、教育、文化、娱乐和美学价值，生物多样性对
进化和保护生物圈的生命维持系统具有重要作用。因
而，要以公约的形式确认保护生物多样性这一全人类
共同关切的问题。

同时，生物多样性要靠每个国家的努力才能实
现。因此，针对现实，公约承认各国对自己的生物资
源拥有主权权利，并指出它的目标是：按照其有关条
款从事保护生物多样性、持续利用其组成部分以及公
平合理分享由利用遗传资源而产生的惠益；实施手段
包括遗传资源的适当取得及有关技术的适当转让，同
时要调整对这些资源和技术的一切权利，并提供适当的
资金。

这样，关于生物多样性的全球性法律框架既完整

又实际地构成了。它的积极意义在于，使生物多样性的目标成为一个有带动作用、有提升作用的力量，而其实际作用主要在于抑制对生物多样性有削弱或破坏后果的行为，尤其是在法律程序上的抑制非常具体，这方面对自然保护地的维护是一个极好的补充。

（图 75～图 81：生物多样性）

（三）国际生物多样性日

为强调和标示生物多样性的重要意义，1994 年联合国确定每年的 12 月 29 日为"国际生物多样性日"（International Biological Diversity Day）。后来，根据第 55 届联合国大会第 201 号决议，从 2001 年起，将"国际生物多样性日"由原来的每年 12 月 29 日改为 5 月 22 日。

历年的"国际生物多样性日"主题口号见下表：

表 1　历年的"国际生物多样性日"主题口号

年份 （YEAR）	主题口号（THEME）
2001	生物多样性与外来入侵物种管理 Biodiversity and Management of Invasive Alien Species
2002	林业生物多样性 Forest Biodiversity
2003	生物多样性和减贫：对可持续发展的挑战 Biodiversity and Poverty Alleviation-Challenges for Sustainable Development

年份 （YEAR）	主题口号（THEME）
2004	生物多样性：全人类食物、水和健康的保障 Biodiversity：Food，Water and Health for All
2005	生物多样性：适应变化世界的生命保障 Biodiversity：Life Insurance for Our Changing World
2006	保护干旱地区的生物多样性 Protecting Biodiversity in Drylands
2007	生物多样性与气候变化 Biodiversity and Climate Change
2008	生物多样性与农业：保护生物多样性，确保世界粮食安全 Biodiversity and Agriculture－Safeguarding Biodiversity and Securing Food for the world
2009	外来入侵物种 Invasive Alien Species
2010	生物多样性、发展和减贫 Biodiversity，Development and Poverty Alleviation
2011	森林生物多样性 Forest Biodiversity

年份 （YEAR）	主题口号（THEME）
2012	海洋生物多样性 Marine Biodiversity
2013	水和生物多样性 Water and Biodiversity
2014	岛屿生物多样性 Island Biodiversity
2015	为了可持续发展的生物多样性 Biodiversity for Sustainable Development
2016	生物多样性主流化，可持续的人类生计 Mainstreaming Biodiversity；Sustaining People and their Livelihoods
2017	生物多样性与可持续旅游 Biodiversity and Sustaining Tourism

（图 82～图 87：生物多样性）

（四）生物多样性与文化多样性

环境影响社会，生物多样性与文化多样性往往同体相生，互为诠释。生物多样性保障生态的健康完整，而以生物多样性为前提的环境，同样保障人类以某种群体社会构成及文化框架模式，长久地延续与发展下去。同时，相容于环境当中的文化方式及其文化群体，在保持自身文化特性的同时，也将所依赖的生态系统维护在一个适宜的状态。

因此，在联合国及其各个组织的法律文件中，在各国的宪法和环境法中，都在贯穿和强调着这两个多样性的紧密关系。贯通在国际法中的关于两个多样性的主题，与和平发展的大主题相呼应。在国家公园制度中，这些理念及意义同样融汇相通。

（图 88～图 92：国家公园与文化）

图 43：黄石国家公园的荒野。

图 44：黄石国家公园的荒野牦牛。

图 45：黄石国家公园的野生驼鹿。

图 46: 形态、色彩各异的地热泉。

图 47: 美国魔鬼峰国家纪念地(Devis Tower National Monument) 对当地不明生物的介绍材料。

图 48: 民众有到国家公园增长知识、陶冶情操、欣赏大自然的权利。

图 49：民众权利也是国家公园制度的重要追求价值。

图 50：阿根廷伊瓜苏国家公园，人们近距离感受大自然的九天飞瀑。

图 51：亲近瀑

图 52: 亲近冰川。

图 53: 美国大提顿国
家公园 (Grand Teton
National Park) 神秘
的雪山。

图 54: 鲜花与雪山同框的大提顿国家公园。

图 55: 美国格兰峡谷国家游憩区 (Glen Canyon National Recreation Area)，科罗拉多河 270°弧度的大转弯，冲刷出精致而静谧的景色。

图 56: 挪威尤通黑门国家公园 (Jotunheimen National Park) 的天然美景。

图 57: 尤通黑门国家公园的峡湾风光。

图 58: 美国布莱斯峡谷国家公园（Bryce National Park) 的石林，鬼斧神工的天然造化。

图 59: 美国布莱斯峡谷国家公园的森林与石林相映成趣。

图 61：作为农业遗产的云南哈尼梯田美得出神入化，按专业标准划分类别，它属于文化遗产范畴，而不属于自然范畴。

图 60：美国布莱斯峡谷国家公园，大自然的作品，栩栩如生。

图 62：美丽的哈尼梯田。

图 63: 阿根廷冰川国家公园的雪山冰川是除南极和格陵兰岛以外地球上最大的冰原，园内不设住宿、餐饮及游客中心等设施，百余平方公里内见不到任何人类垃圾，在真实性和完整性方面堪称范例。

图 64: 冰川一角。

图65：莫雷诺（Moreno）
了冰川并绘制了地图。在阿
国家公园局冰川国家公园
中心的庭院中塑有多组雕像
述当年莫雷诺探险的经历
座表现的是1881年莫雷诺
并说服政府官员，将冰川
进行科学研究的自然保护区
1922年在此基础上建立的
公园是阿根廷冰川国家公
最早的部分，而该处冰川的
就取自莫雷诺本人的名字。

图66：浩浩荡荡的莫雷诺冰
至今保持着它的雄姿。在群
和森林的环抱之中，背后的汹
是它的故乡——雪山。

图67：莫雷诺冰川一直处于行进中，每天以3米
的速度前行。看它冰清玉洁身体上的大裂缝，随
时会在前行的动力下轰然裂开，发出礼花炮一样
的响声，崩塌后溶入牛奶般的河水中，感觉甚至
会撞向山石或树木。

图68：森林与冰川的对

图 69：澳大利亚库兰达国家公园（Kuranda National Park）独特的雨林生态。

图 70：美国大峡谷国家公园干旱高原上的顽强生命。

图 71：黄石国家公园的地热泉旁，林木繁茂，生机勃勃。

图 72: 澳大利亚黛恩树国家公园 (Daintree National Park) 的
野生动物。

图 73: 南非开普半岛国家公园
(Cape Peninsula National
Park) 的野生动物。

图 74: 南非开普半岛国家公园的野生动物

图 75: 阿根廷伊瓜苏国家公园
不仅以壮观的瀑布闻名, 还有
物种丰富的生态系统。

图 76：伊瓜苏国家公园的野生动物。

图 77：伊瓜苏国家公园的野生动物。

图 78：伊瓜苏国家公园的野生动物。

图 79：伊瓜苏国家公园的野生动物。

图 80：伊瓜苏国家公园的野生动物。

图 81：伊瓜苏国家公园的野生动物。

图 82：南非匹兰斯堡国家公园 (Pilanesberg National Park) 的野生动物——犀牛。

图 83：匹兰斯堡国家公园的野生动物——玫

图84: 匹兰斯堡国家公园的野生动物——斑马。

图85: 匹兰斯堡国家公园的野生动物——野牛。

图86: 匹兰斯堡国家公园的野生动物——长尾猴。

图87: 匹兰斯堡国家公园鸟儿们的建筑杰作。

图 88: 澳大利亚黛恩树国家公[
介绍当地文化族群发展的解说[

图 89: 印第安人是大峡谷土地
主人,在这种情况下国家公园
包含印第安传统。这是大峡谷[
家公园游客中心宣传印第安文[
的工作人员。

图 90: 美国魔鬼峰国家纪念地[
不仅包含着印第安人的信仰和[
文化,还记载着新移民伴随国[
家发展的历史脉络。1890 年[
月 4 日,当地人开始在这里欢[
聚,庆祝国庆日。年复一年,成[
为传统。人们携家带口,在这[
里野餐、休憩、交流,增进了社[
区的文化凝聚。

图 91: 美国魔鬼峰国家纪念地要求尊重印第安信仰与文化的提示牌。

图 92: 这里承载的印第安文化以及所有历史曾遗留的其他文化传统都须得到尊重。

第三章

国家公园制度靠什么保障

第一节　法律体系是根本的保障

如前所述，国家公园制度产生和发展的每一步都离不开立法。建立一个国家公园需要立法，成立一个国家公园局需要立法，解决国家公园发展过程中遇到的大问题也需要立法。国家公园能够形成系统，意味着相关法律也具有自身的体系。

前文所用"国家公园法"，就是对关于国家公园法律体系、法律规范的总称。而且，有了国家公园法，国家公园制度才能构建起来，并实施下去。

在发展了近150年之后，国家公园法的历史已呈现丰富的内容。考察不同时期的国家公园法及其特点，能够把握到法律作为国家公园制度根本保障的整体情况。

第二节　创始国及早期设立国家公园国家的法律

（一）优胜美地法

一般的国家公园研究中，对国家公园起源的共识性的认知是1872年的黄石国家公园。但由于法律的先

导规范作用，在国家公园法方面的历史则可以再往前
追溯一段。

美国国家公园局认为，1864 年的《加利福尼亚
州优胜美地谷和马里波萨巨杉林地授权法》（An act
authorizing a grant to the state of california of the "yo-semite
valley, " and of the land embracing the "mariposa big tree
grove, " Approved June 30, 1864），简称"优胜美地法"
（*Yosemite Act*），是美国国家公园的第一部法律。的确，
从实质上看，该法具备了其后国家公园法在理念及思
路上的基本要素，虽然没有直接使用"公园"一词，
但亦不失为一个国家公园法的雏形。

优胜美地国家公园于 1984 年以自然遗产类型成为
世界遗产。《世界遗产名录》对优胜美地国家公园做
了这样的概要描述："位于加利福尼亚中心的以许多
山谷、瀑布、内湖、冰山、冰碛闻名于世的优胜美地
国家公园，给我们展示了世上罕见的由冰川作用而成
的大量的花岗岩形态。在它海拔 600～4000 米中，还
发现了许多世上稀有的植物和动物种类存活。"

（图 93～图 95：优胜美地）

其后，再接续 1872 年的《辟黄石河源头区域建立公
园法》（An act to set apart a certain tract of land lying near
the headwaters of the Yellowstone River as a public park,

Approved March 1, 1872）简称 "黄石法"（*Yellowstone Act*），国家公园法系统不断前行，其中不乏困难和危机。至 20 世纪末，大致构成了 8 个发展阶段。

早期（The Early Years），1864 ～ 1918

国家公园系统定义期（Defining the System），1919 ～ 1932

新政期（The New Deal Years），1933 ～ 1941

贫困期（The Poverty Years），1942 ～ 1956

资源管理问题时期（Questions of Resource Management），1957 ～ 1963

生态革命时期（The Ecological Revolution），1964 ～ 1969

转型与扩展期（Transformation and Expansion），1970 ～ 1980

系统性威胁时期（A System Threatened），1981 ～ 1992

在系统性威胁期，最典型的案例就是黄石国家公园的 8 年濒危世界遗产史。进入 21 世纪之后，美国国家公园还经历了是否要私有化的大讨论，并跨过了艰难的低谷，随后步入正常的轨道。

（图 96～图 100：黄石等）

（二）加拿大的跟进

紧随美国的加拿大，几乎与美国同步开始国家公园事务。综合性的法律《加拿大国家公园法》（Canada National Parks Act，1930，1974，1988，1999，2015），则在20世纪30年代初创制，之后不断完善。

《加拿大国家公园法》在开篇就阐明了设立国家公园的意义：加拿大国家公园是为了加拿大人民的利益，由本法及相关条例、法令设定的教育及休憩之地。国家公园必须保持其原有价值，以保证未来世代能够享受未受损害的自然环境。（The national parks of Canada are hereby dedicated to the people of Canada for their benefit, education and enjoyment, subject to this Act and the regulations, and the parks shall be maintained and made use of so as to leave them unimpaired for the enjoyment of future generations.）

这当中包含几个要点：第一，国家公园目的——为教育、休憩及全民的利益；第二，手段——国家公园由法律确定；第三，代际责任——世代相沿。其法律价值的要素及法律精神与美国法并无二致。

该法的主要理念是：将生态完整性放在第一位；设立管理规划和检查制度。这个法律将具有重要的地理学、地质学、生物学、历史意义或风景价值的地域以国家遗产的形式永久地保护下来；同时鼓励公众理解、鉴赏和享用这些自然遗产，从而将遗产完整无损地留给后代。通过法律的实施，具有代表性的陆上景观、海洋景观及生态系统的样本得到确认和维护。

《加拿大国家公园法》本身并未向法典发展，其独特的技术特点在于，所有的加拿大国家公园的法定信息，均作为附文载入，成为法律的有机组成部分。法律条文与法律执行所保护的对象相互呼应，十分明晰。

关于自然保护，除《加拿大国家公园法》外，加拿大的联邦法律主要还有：1973 年颁布的《野生动植物法》（Canada Wildlife Act）、《渔业法》（Fisheries Act）；1989 年颁布的《濒危物种法》（Endangered Species Act）；1917 年颁布、1982 年修订的《候鸟保护法》（Migratory Birds Convention Act）。

与美国相似，每一个国家公园的建立或取消都要通过议会的程序。如果某个省欲支持建立一个国家公园，省政府就要与联邦政府签订一项协议，将土地转交给联邦政府。

当然，各省立法也构成各自的系统。如艾伯塔省的主要相关法律有：《省立公园法》（Provincial Park Act）、《森林法》（Forest Act）、《野生动植物法》（Wildlife Act）、《历史资源法》（Historic Resources

Act）、《荒野区、生态保护区和自然区法》（*Wilderness Areas, Ecological Reserves and Natural Areas Act*）等；不列颠哥伦比亚省有：《公园法》（*Parks Act*）、《生态保护区法》（*Ecological Reserve Act*）、《区域公园法》（*Parks（Regional）Act*）、《遗产保护法》（*Heritage Conservation Act*）、《森林法》（*Forest Act*）、《野生动植物法》（*Wildlife Act*）、《环境土地利用法》（*Environment Land Use Act*）等。各成系统并非各自为政，这些法律在内容上和法律精神上是相贯连的。

（三）阿根廷的精彩

阿根廷亦属于早期与北美步伐一致的国家。1900年阿根廷政府就要求议会制定法律保护伊瓜苏瀑布。1922年，被称为南美洲第一个国家公园的莫雷诺国家公园成立。设立国家公园基本上借鉴美国法，且"一园一法""一园多法"的立法形式较为常用。1980年一部突出管理的法律《国家公园、自然遗址和自然保护区法》（Ley 22.351，de los Parques Nacionales, Monumentos Naturales y Reservas Nacionales）颁布，全面规定国家公园事务管理规则，也将历史上诸多设立国家公园的法律纳入了该法，并废止了1970年和1972

年的相关旧法律。根据 1980 年该法律，阿根廷国家公园局（Administración de Parques Nacionales）为管辖机关。

阿根廷现已有 34 个国家公园，以冰川国家公园和伊瓜苏国家公园最具代表性。而当年以莫雷诺名字命名的冰川已是现今阿根廷冰川国家公园的一个组成部分。

（图 101～图 105：冰川）

至于阿根廷伊瓜苏国家公园，看看《世界遗产名录》对它的概要描述，可以感受其巨大的丰富性：

"伊瓜苏国家公园占地广大，横越巴西和阿根廷的边界，其中心地带即为著名的伊瓜苏大瀑布。伊瓜苏在当地原住民瓜拉尼族语当中即为大水之意，呈半圆形的大瀑布，由超过 275 个大大小小的瀑布所组成，从平均落差为 72 米高的玄武岩山崖倾泻而下，直径广达 2700 米，其磅礴的气势，轰隆的水声，堪称世界最壮观的瀑布之一。国家公园地处亚热带雨林区，拜其气候所赐，公园内拥有超过 2000 种的维管植物且也是野生动物们的天堂。如貘、巨型食蚁兽、吼猴、虎猫、美洲虎及大鳄鱼等动物均栖息于此。"

无论在阿根廷还是巴西，伊瓜苏瀑布周边的森林都是本国最大的森林保护区，属于国家公园的范畴。森林中动植物物种丰富，形成独特的生态系统。当地的特有物种，像乌拉圭松、乌拉圭冬青，赫赫有名。专与瀑布为伴的雨燕，在巨大的水流中穿行飞越，飞出来是它们活动的天空，飞进去崖石中是它们的家。

（图 106～图 110：伊瓜苏生态）

整体而言，属于早期创始阶段发展起来的国家，其国家公园法体现的特点是：较为纯粹。即以国家公园囊括了全部自然环境的保护范畴，形成了优质的系统的自然环境保护机制，保障了国家公园制度的运转。

第三节　跟进时期国家的法律

由于国家公园法律制度的诸多优势，法律移植和借鉴大面积展开。20 世纪五六十年代，一些国家开始快速学习美洲经验，成为后起之秀。后起之秀的国家，其国家公园法一方面要吸收北美法的理念，另一方面要适应本国的立法制度，因而呈现出较为多样的形态及国家法律的独特性。

仍以日本 1957 年《自然公园法》为例。

尽管日本 1950 年的《文化财保护法》将自然也包含进"文化"这个广义概念中，但不影响《自然公园法》的产生，二者的关系在法律中处理得比较通顺。比如，在认定级别上，诸如国立公园、国定公园、都道府县立公园的级别认定及其程序，在两部法律中高度统一。二者既是亲缘法律，又具有相对独立性。

根据《自然公园法》的规定，环境大臣负责管理日本的国家公园事务。环境省内部设有自然环境局国家公园课，并在北海道东部地区、北海道西部地区、关东南部地区等 10 个地方设置自然保护事务所，具体负责执行《自然公园法》和落实该法律的实施细则。

（图 111：日本）

第四节　全面发展时期国家的法律

世界范围内全面展开国家公园制度，是一种良性的铺展，法律的创制和提升也显现大范围的成就。

例如在亚洲，推广得也比较顺畅和平稳。泰国 1961 年《国家公园法》（*National Park Act* 1961, B.E. 2504）通过，同年产生第一个国家公园——考艾国家公园（Khao Yai National Park）。韩国 1995 年《自然公园法》，参照的是日本法。马来西亚的《国家公园法》（*National Park Act*，1980，2013）属于法典性质，受到较大范围的重视。

需要注意的是，无论各国法律形态多么不同，国家公园的精神内涵却需高度一致，这就是国家公园法的普遍价值。

这种国家公园法的普遍价值，使得国家公园本身这个概念的确定也具有极其顺畅的一致性。按照世界自然保护联盟（IUCN）的定义，一个国家公园应具有以下特点：

它有一个或多个生态系统，通常没有或很少受到人类占据或开发的影响，这里的物种具有科学的、教育的和欣赏的特定作用，或者存在具有高度审美价值的景观；国家采用一定的措施，在整个范围内阻止或禁止人类的占有或开发等活动，尊重区域内的生态系统、地质地貌及具有审美价值的对象，以此保证国家公园的建设；该区域的旅游观光活动必须以游憩、教育及文化陶冶为目的，并得到有关部门的批准。

这些要素在无论何国的法律中，均须渗透、贯彻。

在跟近时期和全面发展时期进行国家公园法治建设的国家，有一个共同特点，就是法律规定的自然保护地的类型多样，诸如自然保护区、海洋公园、区域国家公园、自然遗址等形态，并存保护。

（图 112～图 119：马来西亚京那巴鲁）

图 93: 冬日优胜美地国家公园的红杉林,古朴静谧。

图 94: 古朴中,优胜美地有华丽的一面。

图 95: 瀑布在积雪的山涧奔流,优胜美地的岩石有它刚强的一面。

图 96：美国大峡谷国家公园岩系"书写"的地球沧桑阅历。

图 97：拱门国家公园的天然雕塑。

图 98：拱门国家公园的天然雕塑。

图 99: 拱门国家公园的天然雕塑。

图 100: 美国魔鬼国家纪念地壮观的直柱型花岗岩奇观

图 101: 阿根廷冰国家公园的绿树茂与冰清玉洁同一个时空。

图 102: 冰川和森林的交响诗。

图 103: 蓝与白的合体, 成就空灵的效果。

图 104: 莫雷诺当年靠骑马、靠双脚, 更重要的是靠信念、靠智慧发现了冰川。

图 105：建立了国家公园后，人也能与冰川对话。

图 106：伊瓜苏国家公园是阿根廷的骄傲。275 股水流的伊瓜苏瀑布，从森林中奔泻而出，整体呈马蹄形，形成壮丽的天然画卷。

图 107：阿根廷伊瓜苏国家公园的彩虹高架，形成壮丽的天然画卷。

图 108: 汹涌咆哮的"魔鬼咽喉"在伊瓜苏瀑布群的深处。

图109:"魔鬼咽喉"之深喉。

图 110: 伊瓜苏国家公园良好的自然生态。

图 111：日本法律具有高度统一性，"文化财"的含义非常广。

图 112：马来西亚京那巴鲁国家公园(Kinabalu National Park)有着繁茂的生态系统及物种多样性，神奇的猪笼草有数十个种类，分别长在不同海拔的地方。

图 113: 不同种类的野生猪笼草。

图 114: 不同种类的野生猪笼草。

图 115: 不同种类的野生猪笼草。

图 116：不同种类的野生猪笼草。

图 117：比拇指还小的微型猪笼草。

图 118: 京那巴鲁国家公园森林生态。

图 119: 京那巴鲁国家公园森林细部。

第四章

国家公园制度的经验典型

第一节　经验典型——法国法的技术

因法国的国家公园法起步较晚，其综合情况与我国的相似度较高，故其优秀的立法技术的可借鉴性不容忽视。法典的全面、立体、互通等优势，自然保护地各种类型的并存及兼顾，均具有较大的可借鉴性。

（一）宪法级法律

宪法级法律：《环境宪章》（LOI constitutionnellen° 2005～205 du 1er mars 2005 relative à la Charte de l'environnement），倡导性地提出了有关环境保护的理念。

《环境宪章》要求法国人要认识到：环境是人类的共同遗产；未来发展和人类的生存都离不开自然环境；人类对自然的索取必须受到限制，自然资源需处在一个平衡的状态中；人类的生活及其发展演变对自然环境的影响越来越大；过度生产和过度开采对自然资源及生物多样性的削弱愈加严重；为了国家的根本利益为当代人的需要、为后代人和其他民族的人民，必须保护环境，以确保未来可持续的发展。

《环境宪章》就环境权做出了明确的规定：

第 1 条　人人都有权生活在一个平衡的、得到敬畏的健康环境中。

第 2 条　人人都有保护和参与改善环境的责任。

第 3 条　人人都应当遵守法律，以防止有可能给环境带来的侵害，以及需承担的相应的后果。

第 4 条　人人都应当依法对已造成损害的环境的挽救做出贡献。

第 5 条　当某种科学上不能确定，但有可能对环境造成严重负面影响或不可逆转的伤害时，政府在其职责范围内应当确保，启动预警措施，执行风险评估，使用准确的应激方法，应对损害的发生。

第 6 条　公共政策必须促进可持续发展，并且应当保障环境保护、经济发展和社会进步之间的平衡。

第 7 条　人人都有权根据法律设定的条件和范围，获得政府掌握的环境信息，参与环境的公共决策。

第 8 条　鼓励营造良好的教育和培训环境，帮助公民了解相关的权利和义务。

第 9 条　鼓励研究和创新，对保护环境和可持续发展作出贡献。

第 10 条　鼓励法国与欧洲及国际社会的合作。

（二）《环境法典》

《环境法典》（*Code de l'environnement*）以国家公园为主题，以及与国家公园密切相关的内容，主要体现在立法部分第三卷中。法典立法部分第三卷"自然空间"（Espaces naturels）的第三编为"公园和保护区"（Parcs et réserves）。

第三编包含的章次为：第一章"国家公园"（Parcs nationaux）；第二章"自然保护区"（Réserves naturelles）；第三章"区域自然公园"（Parcs naturels régionau）；第四章"海洋保护区"（Aires marines protégées）；第五章"国家公园和区域自然公园的共同条款"（Dispositions communes aux parcs nationaux et aux parcs naturels régionaux，仅一条，是关于共同禁止转基因的条款）；第六章"生物保护圈和国际重要湿地"（Réserves de biosphère et zones humides d'importance internationale），可以看到其关于自然保护对象体系的庞大和类型的多样。

此外，《环境法典》第三卷第三编前后的编次也与之有紧密的联系。第三卷第二编"海岸线"（Littoral），第四编"自然遗址"（Sites），第五编"景观"（Paysages），第六编"接触自然的方式"（Accès à la nature），第七编"绿色和蓝色框架"

（Trame verte et trame bleue），则更加接近制度实施方面的内容。

从《环境法典》第三卷各编可以看出，由于国家公园在法国起步较晚，法律则不设定以国家公园覆盖所有的自然保护地的类型。其选择是，基本类型均保留，法律的作用是调整好所有类型之间的关系。法典第四卷"自然遗产"（Patrimoine naturel）更加体现这一原则，自然遗产一方面接轨国际法《世界遗产公约》，另一方面与第三卷中所有的类型要相互协调。可以说，具有极大的难度和复杂性。

《环境法典》为建立和保护国家公园的规范作了规定：可以在陆地或海洋的自然环境中，特别是包含野生动物、植物、土壤、地层、大气和水，以及景观的自然环境中，建立国家公园。根据具体情形，国家公园还可以包括有特殊意义的文化遗产。国家公园重要的目的是，防止生物多样性受到损害，确保自然环境的组成、外观和演化均得到保护。（Un parc national peut être créé à partir d'espaces terrestres ou maritimes, lorsque le milieu naturel, particulièrement la faune, la flore, le sol, le soussol, l'atmosphère et les eaux, les paysages et, le cas échéant, le patrimoine culturel qu'ils comportent présentent un intérêt spécial et qu'il importe d'en assurer la protection en les préservant des dégradations et des atteintes susceptibles d'en altérer la diversité, la composition, l'aspect et l'évolution.）

该法典对国家公园的范畴界定与国际通行的概念基本一致，它是由一个或多个陆地或海洋的地理或生态系统构成，为了公众的利益，为了未来的可持续发展，而保护起来的划定的空间范围。

《环境法典》还规定，国家公园可以全部或部分地成为区域自然公园。这对于跨地区的国家公园作为区域自然公园时，在管辖权上的可能产生的矛盾做了规避。但这并不意味着分割，在国家公园层面上，它依然有自身完整性的保障。即区域的归区域，国家的归国家。

对"绿线"和"蓝线"的确定，使得保护范畴清晰化。"绿线"主要明确国家公园等保护区的界限划定，"蓝线"设定国家公园等自然保护区域与周边经济发展的平衡与协调。

（图 120～图 122：卡兰古斯）

（三）行政权属

执行《环境法典》产生的法国国家公园（Parcs nationaux de France，简称 PNF）、海洋保护区和海洋公园（The Agence des aires marines protégées et parcs

naturels marins），由法国环境、能源与海洋事务部
（Ministry of the Environment, Energy and Marine
Affairs）管辖、监督。

　　法国 1963 年开始建立本国的国家公园，发展至今
法国国家公园遍布法国本土及其海外属地，均由法国
政府的环境、能源与海洋事务部管理协调整个系统。
法国国家公园总体面积为 9 162 平方公里，占法国本
土总面积的 2% 以上。其中在法国本土的国家公园核心
区总面积为 3 710 平方公里。

　　法国的国家公园本身在组织性质上属于 Établissement
public à caractère administratif（EPA），类似于公共事
业单位，具有公法法人（personne morale de droit public）
的资格身份。由此，法国所有的国家公园在自身的组
织法上、在公法法人的权利及职责上，具有同样的法
定属性。作为公共机构，它们的统一特性较为突出，
每一个国家公园的组织体系均由国务行政立法的方式
确定。

　　此外，1967 年法国创建区域自然公园（Parcs Naturels
Régionau，简称 PNRs），现有 53 个区域自然公园，占
法国领土的 17%，约有 70 000 平方公里的公园内有超过
4 200 个社区与超过 300 万的居民。

　　区域自然公园通过政府法令建立，由法国的国家

政府和所属地的地方政府共同管辖。其目的同样是为了保护自然风光和文化遗产以及可持续经济发展，在某地区建立区域自然公园，其可以覆盖美丽的天然景色，以及有人居住的乡村地区。

区域自然公园设置目标要兼顾与人类的生存、与可持续的经济发展平衡。同时，要针对每个公园独特的景观，考虑文化遗产所处的天然环境因素，制定相应的指导方针和保护措施。区域自然公园在促进生态研究和推动自然科学领域的公众教育方面，也更加便利。

每个区域自然公园每 12 年由法国政府复核其资质，重新确认所涵盖的面积以及保护方略，并由法国总理批准。

（图 123～图 125：卡兰古斯）

（四）立法技术的延伸

法国法在立法技术方面的优势不仅体现在一部法典或法律之内，还体现在所有有关联的法典或法律之间。其规范触角能够在整个法律体系的所有部分得到呼应。

就国家公园法方面的内容而言，由于涉及休憩功能及全民共享目的，因而在《旅游法典》（*Code du tourisme*）第四编第三章第二节"国家公园与区域公园"

（Section 2：Parcs nationaux et régionaux）的主题下，将《环境法典》的第 L343-2 至 L343-5 条"国家公园"和"区域自然公园"纳入其中，即：

Sous-section 1： Parcs nationaux.（Articles L343-2 à L343-3）

Sous-section 2 ： Parcs naturels régionaux.（Articles L343-4 à L343-5）

由此例可见，法国法的技术所达到的"你中有我，我中有你"的境界，这对于理解和执行法律大有裨益。

第二节　经验典型——澳大利亚的方法

方法是指法律中规定的对国家公园的管理制度，尤其是体现政府分工的行政管理制度。澳大利亚的"国定州辖"是一种特色，即国会立法设立国家公园、各州政府管辖国家公园——这与美国、加拿大、法国都非常不同。

（一）法律的更迭

澳大利亚现行的法律是《环境与生物多样性保护法》（*Environment Protection and Biodiversity Conservation Act 1999*）。1999 年，该法取代了 1975 年施行的法律《国家公园和野生动物保护法》（*National Parks and*

Wildlife Conservation Act 1975），后者被废止。《环境与生物多样性保护法》还将 1983 年的《世界遗产保护法》（World Heritage Properties Conservation Act 1983）等相关法律也一并纳入，使得保护理念和方法更有涵盖力。

尽管澳大利亚法整体上属于英美法系，但在具体的发展、更替过程中，也会灵活选择法律编纂或整合方式。《环境与生物多样性保护法》明显体现出一些法典化的特征，将以往较为零散的法律整合进一部大的法律。其优点是，减少了法律冲突，增加了可执行性，时代特征也比较突出。

（图 126～图 129：库兰达，黛恩树）

对具体的国家公园的保护，国会法律依然继续发挥作用，以使新旧法律良性过渡，直至完善。比如，2013 年的《卡卡杜国家公园法》（Completion of Kakadu National Park Act 2013）将原有的同一保护地的法律《昆噶拉规划区法》（Koongarra Project Area Act 1981）废止，完成了一整段的历史跨越。

根据联邦法律的变化，各州法律也与时俱进。比如，新南威尔士州的立法，就显现了州特色，2010 年将 1974 年的《国家公园与野生动物法》（National Parks and Wildlife Act 1974）大幅度修改，出台《国家公园与野生动物法修正案》（*National Parks and Wildlife Amendment Act 2010*），其中濒危野生动物保护证书制度、行政管理权力具体化等内容，均为新的突破。

（二）《环境与生物多样性保护法》的规范范畴

规范范畴，即该法所覆盖的事务对象。在《环境与生物多样性保护法》当中，国家遗产（National Heritage）、世界遗产（World Heritage）是两个大的范畴，在该法中以大量条款规范。国家公园则不再特别强调。

除国家公园外，澳大利亚其他保护地的类型还有：自然公园、海洋保护区、历史保护区、海岸保护区、原住民保护区等。这些类型均在《环境与生物多样性保护法》当中予以分类规定。从理论上和规则上它们均有可能同时是国家遗产，其中一部分已经是世界遗产，其他的也可以通过申报成为世界遗产。

（图 130：世界遗产标志）

皇家国家公园（Royal National Park）1879 年 4 月 26 日宣布成立，是澳大利亚的第一个国家公园。迄今国家公园数量已超过 500 个，占地超过 280 000 平方公里，总面积占澳大利亚的土地面积的 4%。

（三）法定管理权属

依照《环境与生物多样性保护法》的规定，澳大利亚所有的国家公园，由不同类别、不同层级的部门管辖。一般情况下，国家公园由所在州的州政府管辖。

管理权属一览：

澳大利亚首都领地与市政服务局（ACT Territory and Municipal Services Directorate）管辖：

首都地区的国家公园

国家公园总署（Director of National Parks）管辖：

北领地的乌鲁努卡塔曲塔、卡卡杜；库克群岛、圣诞岛、诺福克岛、杰维斯湾的国家公园

新南威尔士国家公园与野生动物局（National Parks and Wildlife Service）管辖：

新南威尔士的国家公园

北领地公园与野生动物委员会（Parks and Wildlife Commission of the Northern Territory）管辖：

北领地的国家公园（乌鲁努卡塔曲塔、卡卡杜除外）

昆士兰公园与野生动物局（Queensland Parks and Wildlife Service）管辖：

昆士兰的国家公园

南澳环境、水及自然资源部（Department of

Environment，Water and Natural Resources）管辖：

南澳的国家公园

塔斯马尼亚公园与野生动物局（Tasmania Parks and Wildlife Service）管辖：

塔斯马尼亚的国家公园

维多利亚公园局（Parks Victoria）管辖：

维多利亚的国家公园

西澳公园与野生动物部（Department of Parks and Wildlife）管辖：

西澳的国家公园

澳大利亚环境部（Department of the Environment）下设司：澳大利亚公园司（Parks Australia），负责协调全国的国家公园管理事务。

根据《环境与生物多样性保护法》（*Environment Protection and Biodiversity Conservation Act 1999*），成立有一个合作机构 Director of National Parks（国家公园总署），管理澳洲附近所属英联邦的国家公园及有特殊地位或特殊法律关系的国家公园。环境部的澳大利亚公园司协助其管理工作。

（图 131～图 134：库兰达护林员）

第三节 特殊经验——黄石国家公园8年濒危史

濒危是指濒危世界遗产，即黄石国家公园有过 8 年的濒危世界遗产经历。

作为世界上第一个国家公园的黄石国家公园于 1978 年成为第一批世界遗产中的一员，符合自然遗产全部的 4 条标准，属于自然遗产的首选典型范例。

世界自然保护联盟（IUCN）在 1995 年 2 月 28 日写信给联合国教科文组织，请求世界遗产委员会干预并阻止在黄石国家公园周边采矿。对黄石公园在采矿威胁之外，还面临着各种各样的其他威胁也有更为详细的描述：

在公园外围潜在的地热开采和其他地下水钻探正威胁着公园举世闻名的地热资源；

伐木、石油和天然气开采、筑路、采矿、民宅建筑和新的居民聚集点持续侵犯着公园周围的敏感的荒野和重要的野生动物生境，而公园的健康和完整性依赖于此；

生境的破坏和日益增加的人与熊的冲突危害了已经受威胁的灰熊；

在公园中可随处漫游的野牛，如果跨越公园边界通常会遭到屠杀；

非法引入红点鲑鱼威胁了黄石原有的刺喉鲑鱼，而后者正是灰熊、小型哺乳动物和鸟类重要的食物资源；

在离黄石的东北边界仅几英里的上游地区有一个巨大的废物堆积，尽管进行了几次清污尝试，但仍不停地向苏达巴特（SodaButte）溪流中渗溶重金属和酸污染物；

一年四季不断增加的参观和考察产生了过于拥挤的问题，打扰了野生动物。

世界遗产委员会写信给美国内务部副部长，并将协会的信转交给他，希望他对非政府组织提出的问题作出答复。美国内务部随即邀请世界遗产委员会派调查团前来调查。调查团对一家采矿公司在黄石国家公园上游开发采矿破坏遗产生存环境问题展开大规模调查。世界遗产委员会在履行了公约的"与缔约国协商"程序规定后，于1995年12月柏林会议上，决定将黄石国家公园列入《濒危世界遗产名录》（List of World Heritage in Danger）。

世界遗产委员会将其列为濒危世界遗产所提出的理由，是经过实地考察归纳出来的：

公园东北边界外4千米处，计划采矿，将影响威胁公园；

违规引入非本地物种——湖生红点鲑鱼与本地的刺喉鲑鱼竞争；

道路建设与游人压力；

野牛的普鲁氏菌病可能危害周边地区的家畜。

黄石国家公园被列入《濒危世界遗产名录》，迫使当时的克林顿政府作出了史无前例的决定，即用联邦财产与金矿公司拥有的财产进行交换来阻止采矿。克林顿政府于1996年以6 500万美元收购了计划采矿的私人土地，有效地解除了金矿对黄石国家公园的威胁。美国内政部计划再花费75 000美元把一条下水道从老忠实间歇泉（Old Faithful Geyser）和盆地最活跃的地区移走，从而保护该地区的间歇泉和地下水资源，同时防止了废水处理系统受到破坏。

在其他方面也采取了一系列的行动，一个管理北美野牛的长期计划开始执行，该计划的目标是要保护好野生的、自由分布的野牛，以避免它们的布鲁氏病传染到家畜。

可以说，世界遗产委员会有关将黄石国家公园列入《濒危世界遗产名录》的决定，推动了非政府组织寻求国际支持阻止采矿的行动。这个案例第一次提供了一种途径，使得科学专长可被引导并为民众所共享。它将美国的主要联邦机构也带入了公众话题，使他们不得不对金矿的提案有所表态。所取得的成功，也使得越来越多的人来主动关注世界遗产的生存状态问题。

在 2002 年 6 月的第 26 届会议上，世界遗产委员会仍建议把黄石国家公园留在《濒危世界遗产名录》中，并邀请当地政府与 IUCN 和世界遗产中心（WHC）合作，为第 27 届会议准备一个报告。该报告内容要包括当地政府开展各项行动计划的步骤，并对监督黄石国家公园完整性恢复工作进展情况的参数和条件做出了技术定义。2003 年 7 月的第 27 届世界遗产大会上，经过激烈的争论，黄石国家公园在《濒危世界遗产名录》上停留了 8 年后，终被解除。

其实，8 年濒危史不能说解决了黄石国家公园所有的显性和潜在的问题。1988 年过于放纵的山火造成的大范围森林凋零还没有得到应有的生态恢复，2016 年的大火更是扩张了凋敝的面积。游人压力依然严重，园内机动车道拥堵成为常态。但这种以各方积极干预从而解决问题的思路和方法，还是十分有价值的。

（图 135 ～图 144：黄石问题和凋零）

图120：法国南部的卡兰古斯
国家公园 (Calanques Nationa
Park)，有着险峻的地貌、丰富
的物种和壮美的海岸风光。

图121：法国卡兰古斯
国家公园的海岸地貌。

图122：法国卡兰古斯
国家公园悬崖美景。

图 123：法国卡兰古斯国家公园的标志牌。

图 124：卡兰古斯国家公园的森林。

图 125：卡兰古斯国家公园的生态野趣。

图 126: 澳大利亚库兰达国家公园茂密的原始雨林。

图 127: 澳大利亚库兰达国家公园雨林细部。

图 128: 澳大利亚库兰达国家公园雨林大

图 129: 澳大利亚黛恩树国家公园雨林细部。

图 130: 澳大利亚黛恩树国家公园专设的世界遗产的解说牌。

图 131: 澳大利亚黛恩树国家公园内,在湿热雨林环境中工作的国家公园护林员。根据法定的管理权,他们属于昆士兰公园与野生动物局的工作人员。

图 132：澳大利亚黛恩树国家公园的护林员还要负责维护和修理园内各种设施。

图 133：黛恩树国家公园有特色的管理。

图 134：黛恩树国家公园内的野生动物。

图 135：黄石国家公园热泉与河水的微妙关系。

图 136：间歇泉喷发很壮观，但也总是带来危险。

图 137：黄石湖远眺。

图 138：横卧的枯树。

图 139：山火的独特效

图 140：山火的烙印。

图 141: 失去和再生。

图 142: 重生。

图 143: 与其他国家公园相比, 黄石国家公园的停车场和购物店已超规模, 但似乎还是供不应

图 144：每天进入黄石国家公园的大量游人。旅游压力是自然保护永恒的课题。

第五章

国家公园制度如何实施

第一节　普及理念

当国家公园由理念到法律、政府机构、管理方法都建立起来时，它必定影响一个国家的社会生活和民众行为。人们认识自然、对待自然的起点和思路，都受到框范、引导和熏陶。

正如《美国国家公园》的开篇所讲："现代居民对于原始地貌，有种来自内心深处的需求。国家公园体制具体实现了这种需求，并将这种思想与理念影响至全世界。"

国际社会也同样重视全球范围内的国家公园，国际法强调环境是全球共同的资源，国家或群体享有环境权，更有国际环境保护的责任和义务。理论体系中所涉环境权、环境立法、国际合作等问题，其目标是通过在国家、社会重要部门和人民之间建立新水平的合作来建立一种新的和平的全球伙伴关系，公正合理地满足当代和世世代代的发展与环境需要。国家公园的方式，恰恰是最好的沟通渠道。

国家公园内往往集中着世界各地的参观者，在传播国家公园意义的同时也具有了和平的意义。从理念上把环境保护纳入和平的概念，使之成为和平因素的一部分，是人类发展视野的扩大。人类社会的可持续发展，不仅要求人与人、民族与民族、国家与国家的和谐、安定，更要求人类与自然的协调共存。

（图 145～图 152：游人）

第二节　政府职责

国家公园事务伊始，其法定性质为公有，因此政府的主导和管理职责在国家公园的制度实施中至关重要。与管理其他事务的政府机构不同，国家公园管理组织（一般称国家公园局）级别较高，但所做工作又非常细致、全面。

国家公园管理组织的主要职责应当包括：其一，依照国家公园法全面保护和管理所辖国家公园；其二，处理所辖国家公园在生态维护、游人接待、宣传教育、安全保障等方面的日常事务；其三，制定所辖国家公园的游人行为规范和内部管理规则；其四，履行法律规定的保护和管理国家公园的其他特别职责。

国家公园管理组织还应当合理设置编制，建立能力全面的高质量的国家公园管理队伍，为国家公园的保护提供人力保障。国家公园管理组织要由国家公务员、专业技术人员、日常服务人员和园区巡护人员组成，按需要设岗位。国家公园管理组织应当加强对各类人员的业务培训，不断提高各类人员的基本素养和工作能力。

（图 153～图 154：护林员）

第三节　自然自身的"管理"

大自然有着组合、更新、平衡生态系统的能力，其本身的逻辑脉络有序而完整。国家公园较常遇到的是自然灾害，看似破坏力惊人，能造成巨大损失。但是，称自然灾害只是人类的视角，对于大自然本身而言它就是优化生态结构、促进物种持续的调节方法，是自我"管理"的过程。

2006 年，瑞典遇到了一个炎热而干燥的夏天。是年的 8 月 11 日至 18 日，在北方的木达斯国家公园（Muddus National Park），雷电引起的森林大火蔓延了 4.5 平方公里的面积。大火主要是地火，有少量的皇冠火。大火所过之处，烧光了地表植被，乔木变得焦黑。但是，一年之后地表植物开始冒出新芽；两年后，地表植物生机勃勃，浆果果实遍地。这证明植物的根系是活的。同样活着的还有云杉，它们被烧得光秃、漆黑的树干三年后长出了新绿，四年后完全复苏，更加繁茂。

根据瑞典农业科技大学、吕勒奥理工大学等多家科研团队的跟踪研究，大火之后国家公园的物种结构得到了改善，通过烧掉森林中的地表植被和一些树木，反而能保持系统更完善的生物多样性。研究认为，在瑞典，其实森林燃烧的总量还是偏少，这本身就是对生物多样性的威胁。在 20 世纪之前，瑞典的森林每年燃烧了大约 1% 的林木。进入 21 世纪以来，每年平均燃烧大约 0.01%。2006 年这一年，达到了大约 0.02%（40平方公里）。如果一些应该被留下的物种及其生境需要依赖大火来改善，那么，增加在某些区域的燃烧是有必要的。

因而，山火成为了大自然自我"管理"的手段。为保护生物多样性，山火对生态的影响也被科学研究有所重视。

（图 155～图 160：瑞典木达斯国家公园）

第四节　国家公园区域内部

（一）方式优化

从职责上来讲，国家公园管理组织应当根据所辖国家公园的环境状况，设计、规范和优化国家公园行人和机动车路线，开辟徒步小径、地面或水上栈道、观景平台，方便游人，保障安全。

国家公园内部划分人群准入区和非准入区，并非简单的条条块块的划分，或中心与外围的划分。从制度经验上来看，还是要在不伤害自然环境和保证安全的前提下尽量使用可能的方式，为人们提供欣赏自然、感受自然的空间。

（图161～图178：各个国家公园的人行步道、观景台、机动车道等）

（二）设置标牌

在国家公园的关键地带设置指示牌、解说版，这是国家公园管理组织要做的一项基本工作。在面积广大、地形复杂的国家公园区域内，指示牌、路标保证人们准确地由一地到达另一地。解说版要对生态系统、物种特点、地质演进、地貌生成等方面的科学原理和科学价值进行精要描述和讲解，引导游人认知国家公园的意义，普及国家公园保护的理念和知识。

（图179～图215：解说版、指示牌）

国家公园管理组织可以在国家公园辟出科教区，配备专业研究人员实地进行科学知识的讲解。

（三）游客中心

为使游人更加有计划和有效率地欣赏自然，获得知识，配备游客中心是必不可少的。游客中心更集中、更系统地将国家公园的相关科学知识及国家公园的设立、发展历史展示出来，同时，还会将主要的路线图、精华区域予以标示，具有整体的指南作用。

很多国家公园的游客中心设有小型博物馆，以展板、模型、雕塑、声光、影像等形式，加强知识的传播。

（图 216～图 234：游客中心）

（四）护林员工作

护林员（ranger）是国家公园局的基层工作人员，也是国家公园制度最具体的形象代表。护林员工作时身着统一制服，醒目而易于辨认。美国国家公园局全体人员上下一致的制服，被公众称为美国最受信赖的形象。护林员直接接触游人，通过他们的具体工作，国家公园制度才鲜活起来。

（图 235～图 244：美国、澳大利亚、瑞典、阿根廷国家公园护林员、护林员使用的车）

另外，维护国家公园秩序和安全的园警，在美国的国家公园中有着一种特殊的身份。他们不属于警察编制，但有权持枪械上岗。

（图 245～图 246：园警）

（五）必要警示

在国家公园中，行为规则要严格遵守。诸如开矿、采石、挖掘、放牧、烧荒、开垦、狩猎、捕捞、砍伐、采集等，当然属于在国家公园区域内禁止实施的行为。对于游客而言，这些显然不能为的范畴往往不会触及，但在一些细小方面却容易忽略。比如，喂食野生动物，后果是一方面改变了动物的习性，另一方面给人类带来安全隐患。在细微处，人们常常带着日常生活的习惯行事，区分情境的意识不强。

因此，越是细微处，越要多警示。

（图 247～图 270：警示）

游人要实施负责任的旅行，有义务严格遵守国家公园内的行为规则，且不能懈怠。对于大自然，要执行的基本原则就是不打扰原则。对于自身，即安全为首要。比如，见到野生动物，无论陆生还是水生动物，不喂食，才是对它们真正的尊重和爱。

（图 271～图 274：伊瓜苏浣熊）

（六）基本设施及特许经营

基本设施主要是指国家公园接纳游人所必需投入的项目，包括小型旅馆、餐厅、公共卫生间、垃圾收纳系统、停车场。

一般情况下，游客中心均设置公共卫生间。在美国的国家公园，在离游客中心较远的观赏点，会设置可移动卫生间。垃圾桶视情形而定，原则上要尽量少设置，倡导游人带走所有自产垃圾。停车场仅有有限车位，停满后则排队等待。

小型旅馆、餐厅限制在极小范围内，须经特许方能经营。在形态和风格上要求简约、质朴，绝无奢华享受方面的服务。

此外，运动项目同样须特许经营。诸如漂流、快艇、攀岩、徒步，均要在有资质的专业人员的带领下，或经过专门登记注册，才可进行。可以露营的国家公园，要在规定的露营区露营。

（图 275～图 288：设施、特许经营）

第五节　国家公园与社区生活的平衡

国家公园制度的历史约 150 年，而人类则以各种方式定居于不同地方。在一个划定的区域设立国家公园，必然要在一定程度上与人类的活动产生矛盾。

国家公园区域内包含部落、村庄或传统社区的情况，是最为常见的。在国家公园周边，有农庄、牧场、乡镇、小城市，亦属常态。重要的是，要调整好国家公园保护与居民生活的关系。如果过分发展经济，或商业化，对国家公园是巨大的威胁。在二者之间保持谨慎的永续的平衡关系，对生态、对文化都有益处。

（图 289～图 305：居民、周边）

将地球上的自然状貌纳入人类文明法律保护的对象范畴，并将自然遗产以及与之不可分割的文化遗产视为珍贵的财富，这是国家公园制度从初始时即显现出来的明智之举。大地书写地球的历史，万物解析自然的法则，人也应当是自然法则中的一个组成部分。

人类用自己设计的国家公园制度善待自然，其实也善待了自己。唯其如此，方能达成万物之间的良性关系。尽管经过了百余年的历史，在当下的时代，人们对国家公园的向往，甚至依赖，依然是新鲜的生命需求和精神慰藉。保持和修正国家公园制度，同样是常做常新的伟大事业。

图 145：游人在与大自然的接触过程中，领会国家公园制度的意义所在，有助于形成人与自然的良性关系。

图 146：接触大自然，要有一定的知识储备和体能基础。

图 147：长途徒步，需要精神和体力双重条件。

图 148：游人与自然要安全相处。

图 149：既安全又亲近。

图 150：有见识有收获。

图 151：有惊喜有快乐。

图 152: 伊瓜苏国家
园内设有阿根廷国家
园局下属的亚热带生
研究中心，能够帮助
人提高认知能力。

图 153: 在华盛顿 I
工作的美国国家公园
林员，身着标准的工
制服，头戴圆沿帽。
服的左臂上方是统
的国家公园标识，胸
的名牌显示其工作身
"国家公园护林员"。

图 154: 黄石国家公
的护林员。

图 155: 瑞典木达斯国家公园（Muddus National Park）对山火自我"管理"情况的介绍版。

图 156: 木达斯国家公园的美丽风光。

图 157：亚北极特色的木达斯国家公园。

图 158：火灾后复苏的木达斯国家公园
杉树林。

图 159：火灾后复苏的木
达斯国家公园杉树林。

图 160：火灾后快速复苏的木达斯国家公园的地表植物。

图 161：人行步道的益处在于保护地表地貌和植被，将人类的欣赏视线拉至离自然景观最近的距离。

图 162：黄石国家公园的木栈道，是游人不可偏离的路径。

图 163：布莱斯峡谷国家公园内明确的公共小径。除小径及小径所带的观赏点之外，游人均不应随意进入。

图 164：瑞典木达斯国家公园的木板小径。

图 165：阿根廷伊瓜苏国家公园的人行步道由金属建造，适应水流湍急、森林茂密和地势高低落差大的特点。

图 166：阿根廷伊瓜苏国家公园现在使用的金属步道于 1999 年全新建造，牢固且有韧性，轮椅车亦可通行。

图 167：阿根廷冰川国家公园的人行步道与环境协调。

图 168: 南非桌山国家公园 (Table Mountain National Park) 的山顶观景台。

图 169: 美国大提顿国家公园的雪山观景台。

图 170: 伊瓜苏"魔鬼咽喉"的观景台,本身就是景观。

图 171: 美国拉什莫尔山国家纪念地（Mountain Rushmore National Monument）的观景台。

图 172-1: 阿根廷冰川国家公园的观景台，适合长时间静观美景。

图 172-2: 布莱斯峡谷国家公园观景点古朴又实用的休憩设施，与环境相融。

图 173：美国拉什莫尔
山国家纪念地根据自
身特点设有中央甬道。

图 174：澳大利亚黛恩
国家公园恰到好处的
动车道及形象的提示

图 175：机动车道还
便于疏通。黄石国家
园的环形车道，能够
解拥堵。

图 176：澳大利亚库兰达国家公园内的铁路建于 1886 ~ 1891 年，属于国家的文化遗产，至今还在为观光所用。

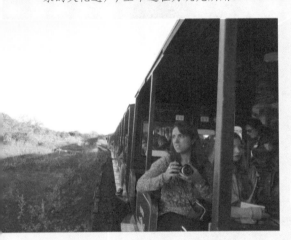

图 177：抵达阿根廷伊瓜苏国家公园的核心地带，离不开这种老式火车。

图 178：伊瓜苏国家公园中的火车站。

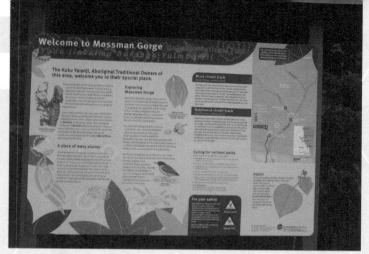

图 179: 澳大利亚黛
树国家公园的讲解牌

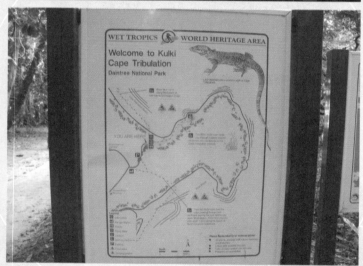

图 180: 澳大利亚黛
树国家公园的讲解牌

图 181: 美国自由女神
国家纪念地的讲解牌

图 182：瑞典木达斯国家公园的讲解牌版。

图 183：法国卡兰古斯国家公园的双语讲解版。

图 184：美国大提顿国家公园的讲解版。

图 185：美国拱门国家公园的讲解版。

图 186：拱门国家公园的讲解版。

图 187：拱门国家公园的讲解版。

图 188：拱门国家公园的
讲解版。

图 189：拱门国家公园的
讲解版。

图 190：拱门国家公园的
讲解版。

图 191：黄石国家公园的讲解牌

图 192：黄石国家公园的讲解版

图 193：黄石国家公园的讲解版

图 194: 黄石国家公园的讲解版。

图 195: 黄石国家公园的讲解版。

图 196: 黄石国家公园
的讲解版。

图 197：中国台湾地区垦丁"国家公园"的讲解版

图 198：澳大利亚库兰达国家公园的讲解版。

图 199：美国落基山国家公园的讲解版。

图 200：美国魔鬼峰国家纪念地的讲解版。

图 201：中国台湾地区太鲁阁"国家公园"的讲解版。

图 202：太鲁阁"国家公园"的讲解版。

图 203：伊瓜苏国家公园的
类讲解版。

图 204：伊瓜苏国家公园的
物类讲解版。

图 205：阿根廷冰川国家公
的各种解说版设计美观，
置地点恰当，本身也具有欣
价值。

图 206：解说版也是风景的一部分。

图 207：与林木相搭配。

图 208：像是长在那里。

图 209：从画中跃出，该有多美。

图 210：产生了与它邂逅的期待。

图 211：南非开普半岛国家公园的讲解版。

图 212：路标既服务于人，又要与环境相搭。

图 213：马来西亚京那巴鲁国家公园森林中的路标。

图 214：中国台湾太鲁阁"国家公园"的路标。

图 215: 阿根廷伊瓜苏
国家公园的路标。

图 216: 美国魔鬼峰国
家纪念地的游客中心。

图 217: 美国拉什莫尔山
国家纪念地的游客中心。

图 218：澳大利亚库兰达国家公园游客中心的多语种欢迎词。

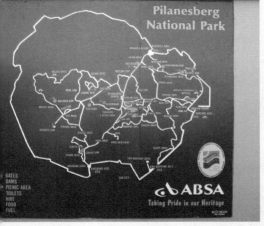

图 219：南非匹兰斯堡国家公园游客中心的导引图。

图 220：阿根廷伊瓜苏国家公园的游客中心。

图 221：伊瓜苏国家公园游客中心的展板充满趣味。

图 222：伊瓜苏国家公园的游客中心展示的知识内容也比较全面。在这里能够看到青年保护世界遗产的标志"小遗产"的可爱形象，并知晓伊瓜苏国家公园作为世界遗产的价值。

图 223：阿根廷洛斯冰川国家公园的游客中心。该游客中心没有设置在该国家公园的核心区域内，而是在国家公园外围的埃尔卡拉法特小城。

图 224：冰川国家公园游客中心的电影厅。

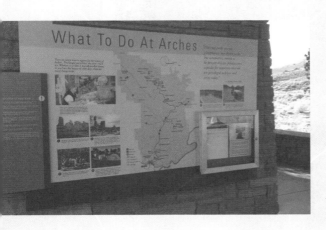

图 225：美国拱门国家公园游客中心的系列展板，为各方面的需求提供指南。

图 226：拱门国家公园游客中心的展板告知"关于公园所在地"。

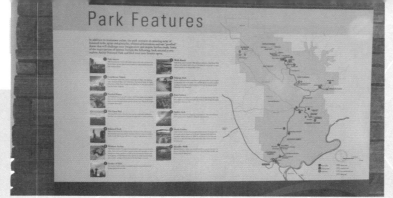

图 227: 拱门国家公园游客中心的展板告知"关于公园特色"。

图 228: 拱门国家公园游客中心的展板告知"关于野生动物"。

图 229: 拱门国家公园游客中心的展板告知"关于做些什么"。

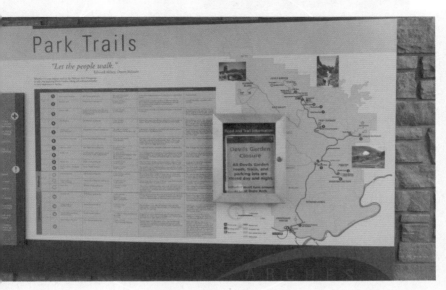

图 230: 拱门国家公园游客中心的展板告知"关于线路选择"。

图 231: 黄石国家公园的游客中心。

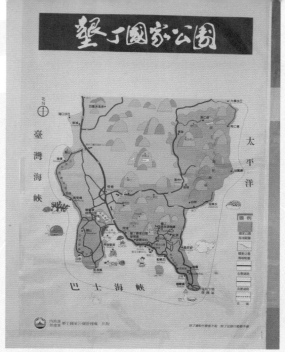

图 232: 中国台湾地区垦丁"国家公园"猫鼻头管理站游客中心的展板。

图 233: 中国台湾地区垦丁"国家公园"猫鼻头管理站游客中心的展板告知"关于地理位置和景色"。

图 234: 中国台湾地区垦丁"国家公园"猫鼻头管理站游客中心的展板告知"关于局部地貌的形成和特点"。

图 235：每天上午
10:00 有黄石国家
公园护林员的带
队讲解，在这里
等候即可。

图 236：如今，黄
石国家公园成为保
护环境、热爱自然
的教育场所，公园
的护林员会定期为
参观游人讲解国家
公园制度的知识。

图 237：为观众讲解的
美国阿灵顿国家公墓
（Arlington National
Cemetery）护林员。

图 238: 瑞典木达斯国家公园护林员的讲解。

图 239: 澳大利亚库兰达国家公园护林员在工作。

图 240: 黄石国家公园的护林员对不守规则的游人进行阻止和教育。

图 241：黄石国家公园的护林员劝告违规遛狗者不可偏离规定路径。

图 242：克林顿城堡国家纪念地护林员整理座椅。

图 243：阿根廷伊瓜苏国家公园护林员的工作用车。

图 244：美国国家公园护林员的执法工作用车。

图 245：美国大峡谷国家公园热情友好的园警。

图 246：忙碌工作中的黄石国家公园女园警，配有枪械及其他装备。

图247: 黄石国家公园的提醒:
不要离开木栈道,热泉危险。

图248: 澳大利亚黛恩树
国家公园的提醒:不要离
开规定路径。

图249: 美国格兰峡谷国
家游憩区同样的提醒:不
要离开规定路径。

图 250: 黄石国家公园的提醒: 不可踏入。

图 251: 拱门国家公园的提止步, 这里不是路。

图 252: 对野生植物感兴趣? 也必须待在木栈i

图 253: 这块土地对人说: 待好, 别过来。

图 254: 时时处处的提醒: 看似平坦, 但不能踏入。布莱斯峡谷国家公园的森林地表要保持自然状态。

图 255: 时时处处的提醒: 看似平坦, 但不能踏入。黄石国家公园的地热泉在前方蒸腾。

图 256: 细致的警示
峡谷悬崖地带，看
你的孩子，不要带宠
示基于布莱斯峡谷
质地貌的特殊性。

图 257: 阿根廷冰
国家公园，在冰碛
立有警示牌：冰川
时崩塌，请勿靠近。

图 258: 阿根廷
川国家公园森林
的警示牌。

图 259-1: 细致的警示: 危险地带, 勿穿拖鞋。黛恩树国家公园湿滑地带, 也不允许露营。

图 259-2: 澳大利亚黛恩树国家公园含有汉字的警示牌。

图 260: 美国格兰峡谷国家游憩区细致的警示: 岩石未必坚硬, 不在悬崖站立。

图 261: 美国格兰峡谷国家游憩区的这个警示除了传统的防晒、防雷电、防跌落的内容外，还加了禁止无人机。旁边单独立的牌子特别提示每人至少要带一瓶水，否则极易快速脱水中暑。

图 262: 黄石国家公园内禁止无人机的警示。

图 263: 在拱门国家公园不适合做的事：踩踏拱门、骑自行车、带宠物

图 264: 黄石国家公园
的解说版与警示板。

图 265: 黄石国家公园桥头的警示: 黄石河流
湍急, 不可游泳; 无人机虽好, 这里不能用。

图 266: 黄石国家公园桥头的
警示: 不适合骑车和带宠物。

图 267: 南非开普半岛国家
园的提示，图示清晰通俗

图 268: 中国台湾垦丁"国
公园"的警示牌。

图 269: 美国优胜美地国
公园的综合指示牌，特别
求不要喂食动物。

图 270：阿根廷伊瓜苏国家公园的警示动物凶猛，看好孩子，不要离开规定步道，不要喂食野生动物。

图 271：阿根廷伊瓜苏国家公园的野生长吻浣熊与人类已经完全没有距离。

图 272：到人群中寻找食物的长吻浣熊。

图 273: 随时会冲上餐
抢夺人类午餐的浣熊。

图 274: 血淋淋的警
猴子和浣熊会袭击和
窃”，不要喂食它们。

图 275: 伊瓜苏国家
园的入门处，规模适
而不张扬。

图 276: 必要的卫生设施和小容量停车场应当尽量隐匿, 不破坏景观。

图 277-1: 黄石国家公园专门设计的防熊垃圾桶, 上有铁杆锁, 防止棕熊翻找人类垃圾果腹。

图 277-2: 黄石国家公园的防熊垃圾桶。

图 278: 澳大利亚昆士恩树国家公园含蓄的禁烟的垃圾桶。

图 279: 优胜美地国家公园隐藏于林木中的简易住宿木屋。

图 280: 黄石国家公园内的这个老忠实宾馆, 是黄石国家公园内规模最大的游客住宿设施, 式样与色彩尽量与公园环境取得平衡。

图 281：澳大利亚黛恩树国家公园特许经营的餐厅。

图 282：优胜美地国家公园特许经营的餐厅。国家公园特许经营的餐厅在建筑风格上均简约，与所处环境相协调。

图 283：尼泊尔萨加玛塔国家公园小型观光飞机特许经营项目，能够从云上看珠峰。

图284：阿根廷冰川国家公园特许经营项目冰上行走，由具有执业资格且经验丰富的专业向导带领，在规定的区域内按照规定路线行进。

图285：尽职尽责的专业向导。

图286：技能熟练的专业向导。

图287: 小范围的冰上行走的目的在于了解冰川形成的科学知识, 但不能因人类的探寻活动给冰川带来环境影响。

图288: 游人要严格按照规则行进, 不能自行其是。

图289: 尼泊尔皇家奇特旺国家公园区域内少量居民保持着传统的乡野生活。

图 290: 皇家奇特旺国家公园的大象母子。

图 291-1: 越南下龙湾国家公园 (
long Bay National Park)，数千座
灰岩柱处伫立海中，风景独好。

图 292-2: 下龙湾附近的渔民需要
期保持与这片海域生态的良好关系

图 292-3：黄石国家公园东门外的公园镇（Park County），没有发展为宾馆林立、商业繁华、熙熙攘攘的城市，在为往来客人提供短暂的食宿服务的同时，依然保持着静谧、淳朴。

图 293：这辆房车的主人带着他的家庭成员：一只猫和一只狗，在公园镇歇脚。

图 294：猫成员

图 295：狗成员

图 296：大提
家公园外的杰
（Jackson）小
风格与环境相
街心花园的大
羊角建造而成

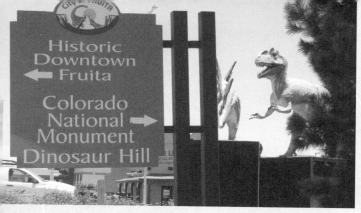

图 297：美国科罗拉多恐龙山国家纪念地附近的弗鲁塔 (Fruita) 小城，建有以"恐龙的旅程"为主题的恐龙博物馆，帮助人们了解地球历史的有关知识。

图 298：弗鲁塔的恐龙博物馆。

图 299：在通往国家公园路途中，怀俄明州界内有统一规制的休息站点，均具有游客中心的功能。

图 300：南非桌山国家公园的特殊地理位置，使得它必须与一个大城市同开普敦环绕在桌山的脚下，城市及其居民必须与桌山和谐相处。

图 301：桌山被誉为"上帝的餐桌"，如果白云如桌布铺展开来，就是上帝要用

图302：南非桌山国家公园的生态。

图303：南非桌山国家公园的地貌。

图 304：南非桌山国家公园的天造"石雕"。

图 305：从桌山国家公园山顶鸟瞰。